“十四五”时期国家重点出版物出版专项规划项目

农业科普丛书

# 地膜变形记

崔吉晓 李真 刘琪 靳拓 刘晓伟 等 著

中国农业科学技术出版社

**图书在版编目（CIP）数据**

地膜变形记 / 崔吉晓等著 . -- 北京：中国农业科学技术出版社，2024.1
ISBN 978-7-5116-6711-3

Ⅰ . ①地…　Ⅱ . ①崔…　Ⅲ . ①地膜栽培－普及读物
Ⅳ . ① S316-49

中国国家版本馆 CIP 数据核字（2024）第 033028 号

**责任编辑**　闫庆健
**责任校对**　马广洋
**责任印制**　姜义伟　王思文

**出 版 者**　中国农业科学技术出版社
北京市中关村南大街 12 号　邮编：100081
**电　　话**　（010）82106632（编辑室）（010）82106624（发行部）
（010）82109709（读者服务部）
**网　　址**　https://castp.caas.cn
**经 销 者**　各地新华书店
**印 刷 者**　北京地大彩印有限公司
**开　　本**　210 mm × 210 mm　1/16
**印　　张**　6
**字　　数**　75 千字
**版　　次**　2024 年 1 月第 1 版　2024 年 1 月第 1 次印刷
**定　　价**　39.80 元

**版权所有 · 侵权必究**

# 《地膜变形记》
## 编 委 会


主　著　崔吉晓　李　真　刘　琪　靳　拓　刘晓伟

副主著　刘　勤　何文清　高海河　白润昊　高维常　张　浩

著　者　白润昊　崔吉晓　高海河　高维常　何文清　靳　拓

　　　　李　真　刘　琪　刘　勤　刘晓伟　张　浩

# 内容提要

《地膜变形记》以科普漫画的形式，从塑料材料的发展、地膜在农业生产上的应用、地膜回收处理与资源化利用的产业发展及未来发展畅想等方面，对地膜的全生命周期进行了系统讲解。结合历史发展和农业生产实际，阐述了不同塑料材料的特性、不同地区对地膜覆盖技术的需求、不同地膜产品的特性、地膜回收处理与资源化利用现状等。全书深入浅出、简洁易懂，有利于普及地膜发展与利用相关知识、宣传塑料污染治理，推动地膜覆盖技术的科学应用与管理。

# 前　言

本书依托农业农村部农膜污染防控重点实验室长期研究成果进行构思和创作，在编写过程中得到了中国农业科学院农业环境与可持续发展研究所、农业农村部农业生态与资源保护总站、中国农业科学院西部农业研究中心、贵州省烟草科学研究院和黑龙江省农业环境与耕地保护站等单位的大力支持，在此表示衷心的感谢！感谢河北梦堡文化发展有限公司与中国农业科学技术出版社在绘图及出版编排中的鼎力支持！同时，感谢国家自然科学基金青年基金“地膜覆盖与残留对土壤–作物系统邻苯二甲酸酯类塑化剂影响机理及农产品安全风险研究（42007394）”、国家自然科学基金青年基金“PBAT生物降解地膜在土壤中的降解特征及微生物作用机制（42007312）”、国家自然科学基金国际（地区）合作与交流项目“亚洲典型农区土壤微塑料环境效应及农业塑料应用和管理策略研究（32261143459）”、国家自然科学基金国际（地区）合作与交流项目“新型生物降解地膜的人工智能设计、田间应用及安全性评价（42211530566）”、英国自然环境研究理事会项目“Do agricultural microplastics undermine food security and sustainable development in less economically development countries？（NE/V005871/1）”、中国烟草总公司科技项目“山地烟区覆膜栽培‘减量、回收、替代’绿色低碳技术研发与应用（110202202030）”、新疆维吾尔自治区重点研发任务专项“新疆绿色农业生产关键技术研究与集成示范（2022293956）”、贵州省科技支撑计划项目“降解膜环境行为研究与示范（黔科合支撑[2018]2335号）”、中国农业科学院科技创新工程和中国农业科学院基本科研业务费专项“聚乙烯地膜分子表观结构变化与微塑料释放行为动力学机制研究（BSRF202207）”的资助；感谢研究团队成员为本书出版提供的诸多支持与帮助！

本书使用的地图引自《中华人民共和国地图》，审图号为GS（2016）1569号。

书中不妥之处，殷切希望广大读者批评指正。

著　者

2024年1月

# 目　录

# 第一章　材料篇

2024 年的某一天，“小地膜”乘坐时光穿梭机来到了 19 世纪，探究自己的诞生过程。

当时物质资源非常紧缺，人们为了填补缺口而努力开发和寻找新材料。
地膜变形记
告示
如果谁能找到替代象牙的材料制作台球，全球最大的台球制造商将奖励1万美元。
工业革命后，台球开始流行起来。由于象牙可以承受高速撞击而不会碎裂，所以成为制作台球的材料。
纽约的印刷工人海亚特（John Wesley Hyatt）看到了寻找象牙替代材料的悬赏告示，暗暗记在了心里。

19 世纪 70 年代，台球的玩法发生了很大的变化，由原来的 3 颗球发展成了 15 颗球。这一改变导致象牙需求数量激增，迫使人们寻找象牙的替代品。

第一章 材料篇

1868 年，海亚特经过多次尝试终于取得了突破。他在印刷厂的报刊上读到了关于“帕克辛”材料的报道很受启发，他对帕克辛的制造工艺进行了改造，制造出了加热时软化、冷却后变硬、在热压下可以制作各种形状的材料。他把这种材料命名为“赛璐珞”(Celluloid)，并开始将其用于制作台球。

“帕克辛”是最早的塑料，19 世纪 50 年代由英国摄影师帕克斯(Alexander Parkes)发明。当时，人们还不能像今天这样购买现成的照片、胶片，需要借助“胶棉”把光敏的化学药品粘在玻璃上，帕克斯在研究胶棉的处理方法时，把胶棉和樟脑混合到一起，制备了既有硬度又可以弯曲的“帕克辛”材料。

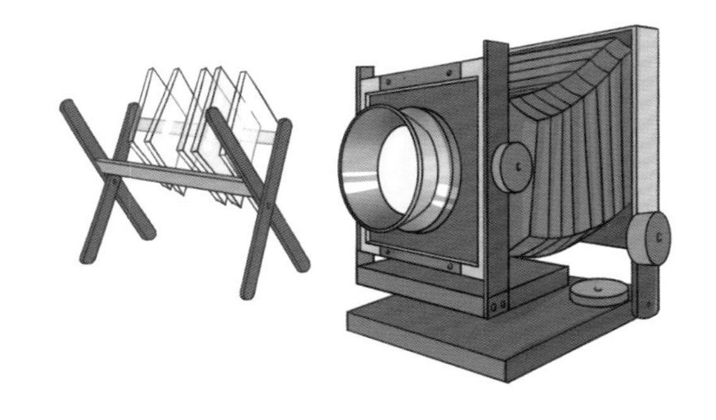

1872 年，海亚特在美国纽瓦克建立了生产赛璐珞的工厂，开创了塑料工业的先河。除了制作台球，他还用赛璐珞来制作马车和汽车的风挡、钢琴的琴键、电影胶片、箱子、纽扣、直尺、乒乓球和眼镜架等。

“赛璐珞”是第一种用化学方法制成的塑料。



柯达集团采用了赛璐珞胶片，并且制造了相应的相机。

赛璐珞胶片可以用来制作动画，后来赛璐珞几乎成为电影工业的代名词。

但是赛璐珞有一个缺点——易燃。

以往绅士的衬衫领是需要先上浆、再熨烫后才能挺括的，而衬衫领衬了赛璐珞后，可以免去上浆的程序，而且比原先上了厚浆的衣领更加挺括、防水且不易褶皱，因此这种衬衫成为市面上的畅销货。但由于赛璐珞极易燃，绅士们穿上带这种衣领的衣服后就不敢吸烟了，还要与吸烟人士保持安全距离。

用赛璐珞制造的台球开始在市场上畅销，但由于赛璐珞存在易燃、易爆的缺点，台球发生撞击后，经常会发出“砰”的响声，还会产生火花。有一次，台球桌周围的人们以为有人开枪，纷纷掏出了枪。赛璐珞也逐渐退出了台球制造业，海亚特也因此没有拿到 1 万美元悬赏金。

当时，还有很多人在寻找其他物品的替代材料，如天然的绝缘材料——虫胶，因电力工业发展需要大量绝缘材料而价格飞涨。

1889 年，美籍比利时人贝克兰德（Leo Baekeland）嗅到了绝缘材料市场的巨大商机。

贝克兰德阅读了1872年贝耶尔（Adolf Von Vaeyer）发表的一篇关于苯酚和甲醛反应生成树脂的文章，他非常兴奋，认为这种树脂状物质可能就是他要寻找的虫胶替代品。

作者 Adolf Von Vaeyer

发表年份1872年

在染料生产中，苯酚和甲醛混合会产生一种树脂状物质，极难溶解，使得反应容器报废，对染料质量有严重影响，应该防止其产生。

贝克兰德反复尝试苯酚和甲醛的反应实验，在过程中偶然发现了一种黄色胶状物粘在烧瓶内壁上。这种物质不易冲洗，并且在适当加热后会变得更加坚硬。随后他对苯酚与甲醛之间的反应进行了深入研究，终于在1907年研发出了酚醛树脂，并用他自己的名字命名为“Bakelite”，这是第一种完全靠人工合成的塑料。

1907年，贝克兰德以“Bakelite”为名申请了酚醛塑料的专利。这一年被认为是塑料诞生的元年，他也因此被称为“塑料之父”。

1909 年，贝克兰德在美国化学协会纽约分会的一次会议上公开了这种塑料。1910 年，他创立了通用酚醛树脂公司，开始生产 Bakelite 系列产品，逐步形成了 Bakelite 商业帝国。

上面这些材料的改性或合成都有很大的偶然性，真正在科学理论层面指导下一步一步合成出聚合物的第一人是尼龙之父——卡罗瑟斯（Wallace Carothers）。

$$nHOOC\text{-}COOH + nOHCH_2\text{-}CH_2OH \longrightarrow \left[ \overset{O}{\overset{\|}{C}}\text{-}\overset{O}{\overset{\|}{C}}\text{-}O\text{-}CH_2\text{-}CH_2\text{-}O \right]_n + 2nH_2O$$

乙二酸　　乙二醇　　聚酯　　水

当时许多科学家对于是否存在如此巨大的分子表示怀疑，认为这些材料不过是小分子们靠着分子间作用力聚集起来的而已。卡罗瑟斯受到乙酸（A 结构）和乙醇（B 结构）可以合成乙酸乙酯（AB 结构）的启发，联想到如果其中一个分子中带有两个 A 结构（用 AA 表示），就可以同时和两个带有 B 结构的分子（用 BB 表示）相连，成为 AA-BB，只要双方数目相同，它们可以一直反应下去，连接成一条长长的链条…AA-BB-AA-BB…也就是说形成了高分子化合物。

然而，卡罗瑟斯很快遇到了新问题：他们得到的聚酯熔点太低，且易溶解于有机溶剂。卡罗瑟斯决定重新开始寻找合成纤维的研究，这一次他将目光投向另一类化合物——胺。酸与胺反应得到酰胺，这是蛋白质和多肽形成的基础，也是合成尼龙的基本化学反应。

$$nHOOC-(CH_2)_4-COOH+nN_2H-(CH_2)_6-NH_2$$

己二酸　　　　己二胺

$$\downarrow$$

$$-\!\!\left[\overset{O}{\overset{\|}{C}}-(CH_2)_4-C-NH-(CH_2)_6-NH\right]\!\!-_n +2nH_2O$$

尼龙66　　　　水

尼龙被称为“由煤炭、空气和水合成，比蜘蛛丝细，比钢铁坚硬，优于丝绸的纤维”。

1938 年，杜邦公司首次向公众介绍了尼龙，并将尼龙制成的丝袜作为主打产品进行销售。尼龙丝袜因此成为一个时代的象征。

$[CH_2CH(CH_3)]_n$
MILK
$[CH_2CH_2]$
$[CHClCH_2]_n$
$[COC_6H_4COOCH_2CH_2O]_n$
$[CH_2CH(C_6H_5)]_n$

如今，我们生活中的塑料制品已经无处不在。

第一届塑料大会
------人类最佳伙伴------
聚乙烯
获奖证书

## 聚乙烯材料的发明

1933 年，ICI（英国帝国化学工业公司）的福塞特（Eric Fawcett）和吉布森（Reginald Gibson）在进行缩合反应尝试时，将乙烯和苯甲醛置于高温高压下意外得到了极少量的白色粉末。

经过反复研究，他们发现氧气可以在高温高压下引发乙烯的聚合反应，形成聚乙烯。1939 年，聚乙烯的生产实现工业化。

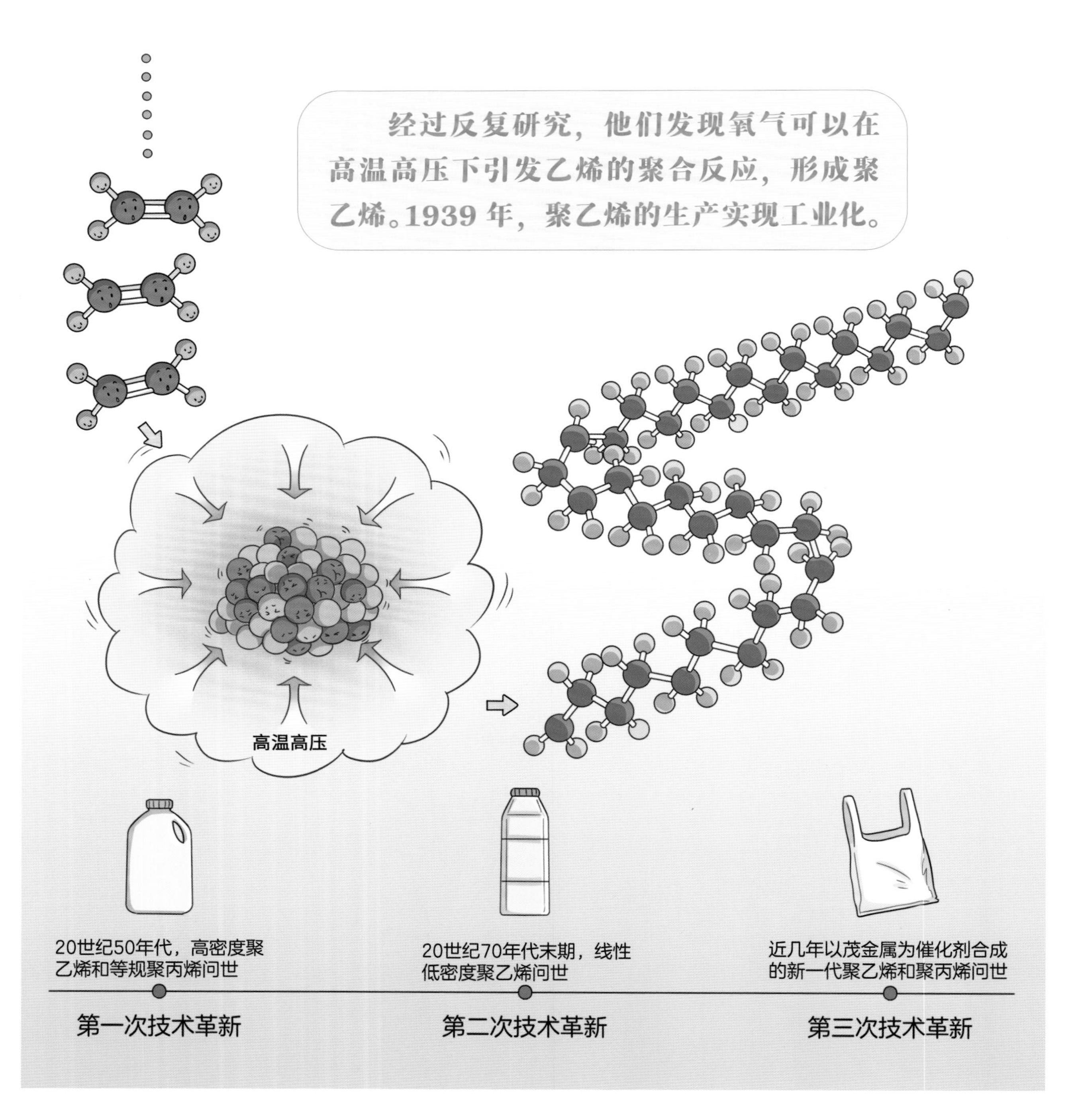

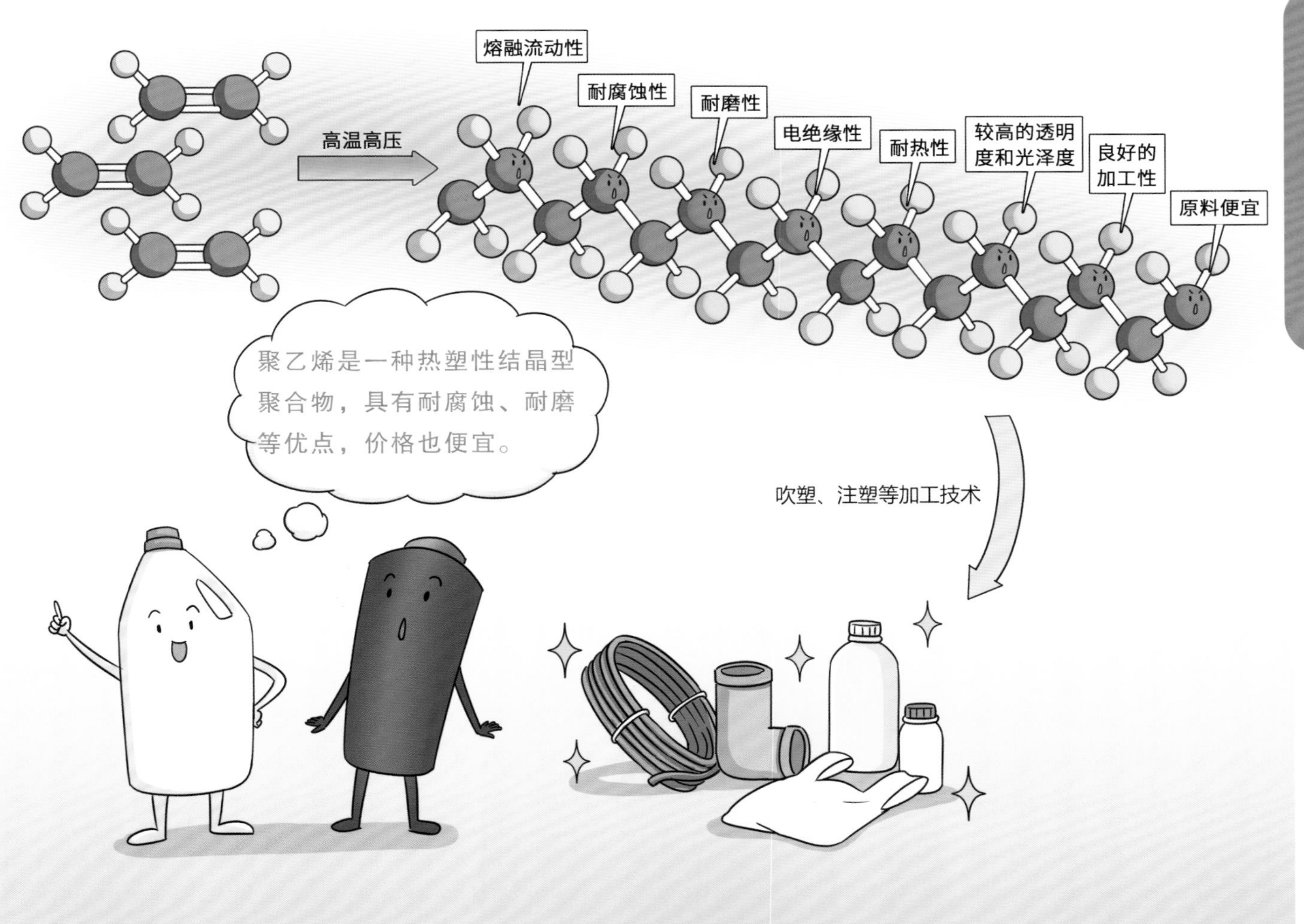
高温高压
熔融流动性
耐腐蚀性
耐磨性
电绝缘性
耐热性
较高的透明度和光泽度
良好的加工性
原料便宜
聚乙烯是一种热塑性结晶型聚合物，具有耐腐蚀、耐磨等优点，价格也便宜。
吹塑、注塑等加工技术

聚乙烯等传统塑料难以自然分解，使用后的废弃塑料如果被随意丢弃，会在自然环境中长时间存在和积累，对生态环境造成危害。

**塑料在多种条件作用下可释放微塑料（直径或长度小于5毫米的塑料纤维、碎片或颗粒），微塑料成为一种新型污染物。**

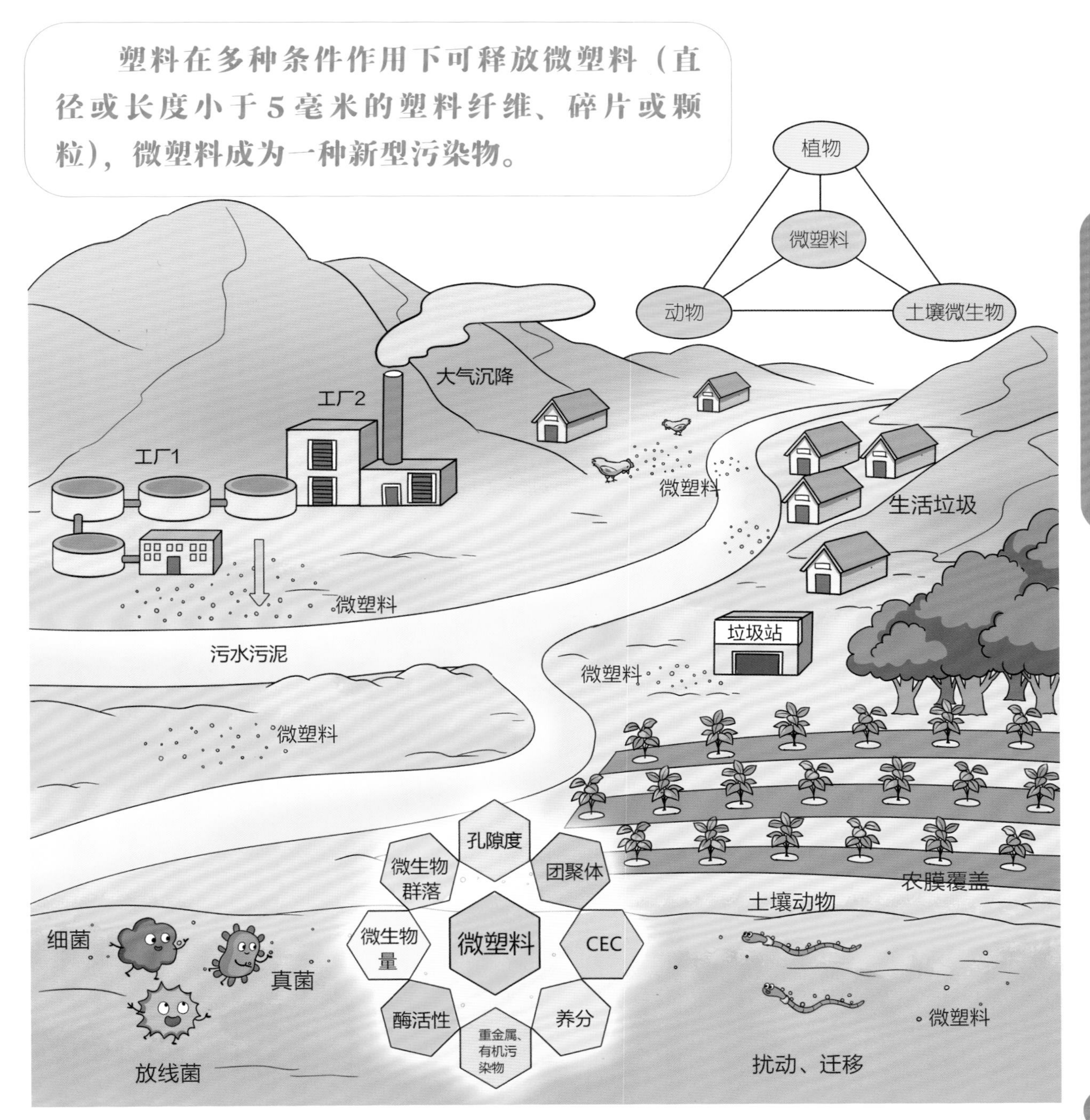


第一章 材料篇

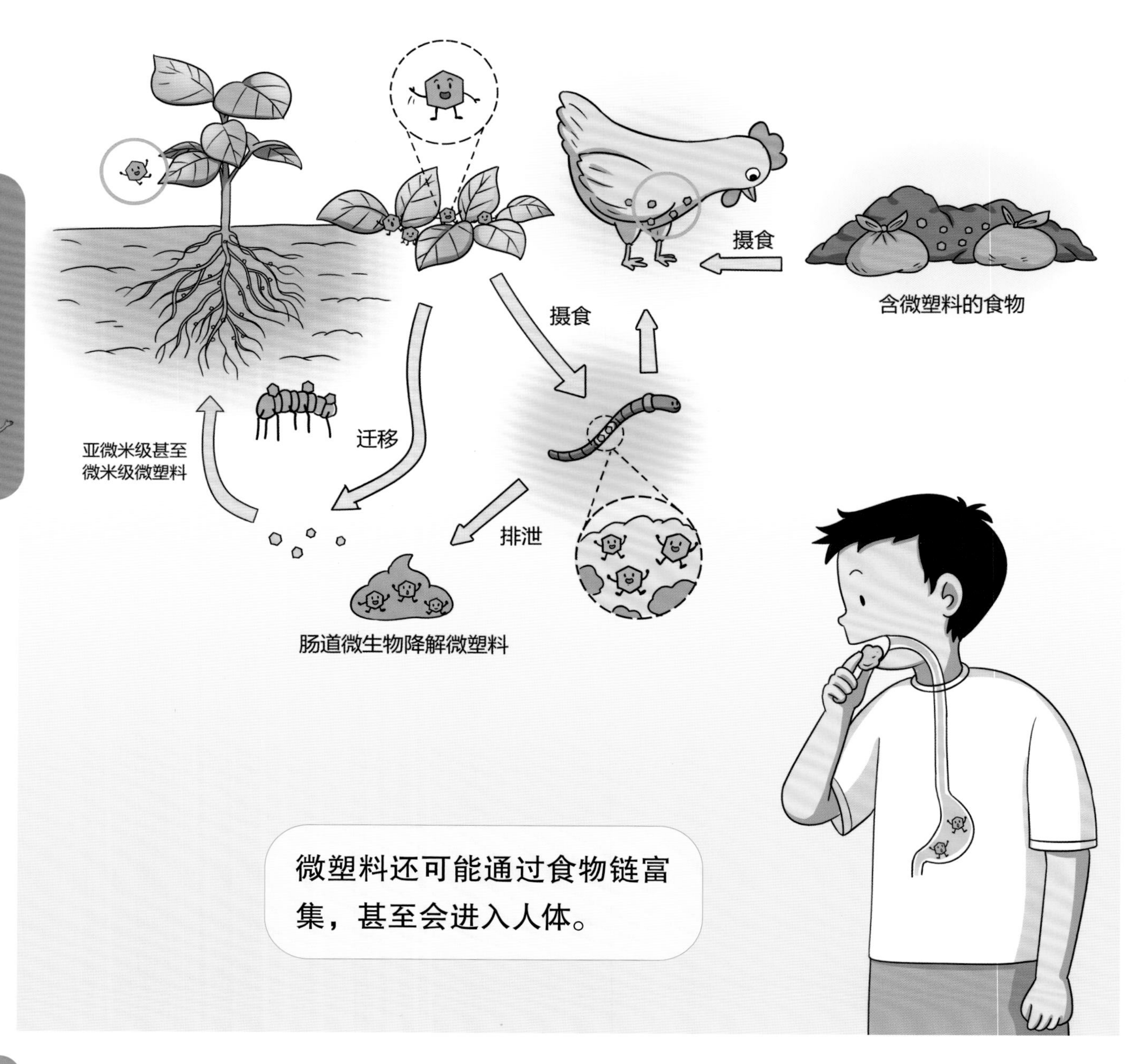


微塑料还可能通过食物链富集，甚至会进入人体。

降解塑料成为解决塑料污染问题的关键途径之一。

第一章 材料篇

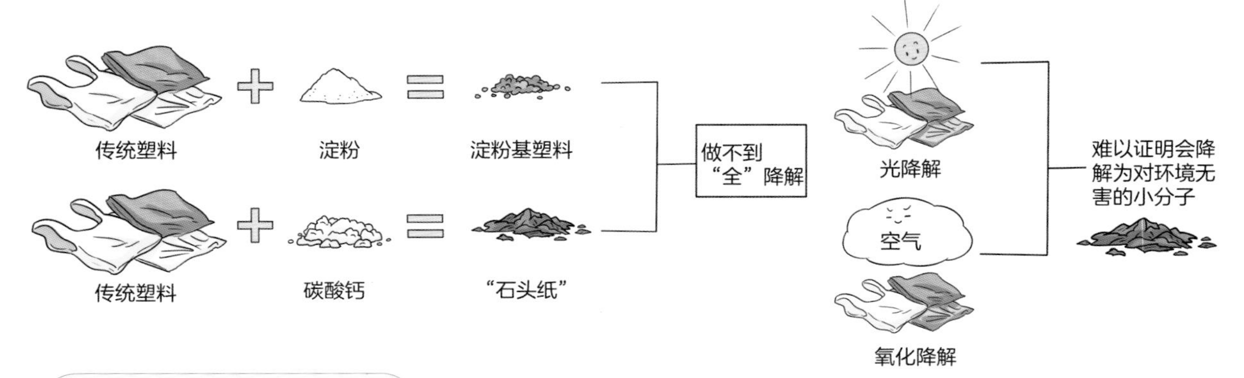
传统塑料
淀粉
淀粉基塑料
传统塑料
碳酸钙
“石头纸”
做不到“全”降解
光降解
空气
氧化降解
难以证明会降解为对环境无害的小分子

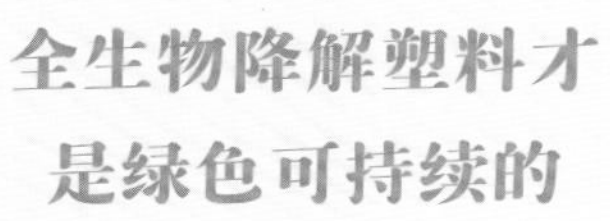
全生物降解塑料才是绿色可持续的

$CO_2$
$CH_4$
$H_2O$
全生物降解
生物降解率≥90%

土壤
海洋
全生物降解塑料
全生物降解塑料

全生物降解塑料使用后，在海洋、土壤等自然环境中能够完全降解。

# 第二章　农业篇

## 技术革新让戈壁滩上开出了美丽的棉花

老一辈人用自己的辛勤劳动开垦着戈壁滩，使新疆从黄沙滩变成了郁郁葱葱的绿洲。

无地膜覆盖，水分蒸发，杂草较多

地膜覆盖能够保墒抑草

但是由于新疆的气候干旱少雨，春季寒冷，再加上夏季容易生草，作物生长往往受限，产量也不高，而地膜覆盖技术具有保墒抑草的功能，能够解决这个问题。

地膜覆盖技术引入新疆后，扩大了农作物的区划分布，相应的农机具和配套设备设施也逐渐完善。

新疆农业生产实现了机械化、智能化。

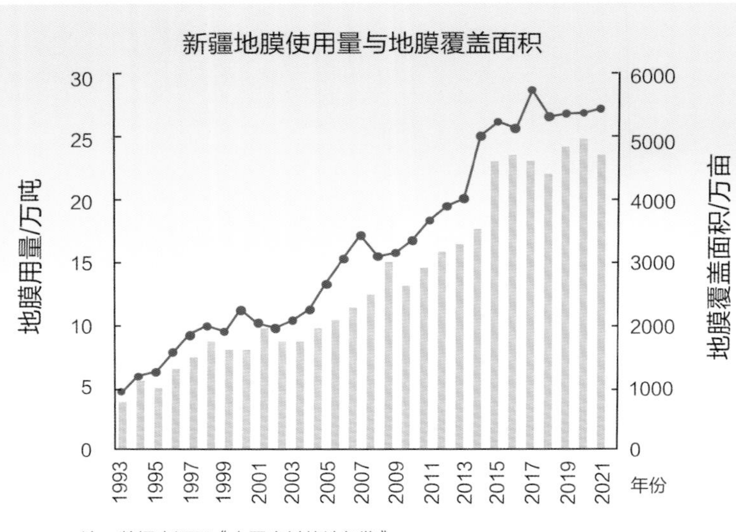


注：数据来源于《中国农村统计年鉴》。

**新疆已成为我国地膜用量和地膜覆盖面积最大的省份。**

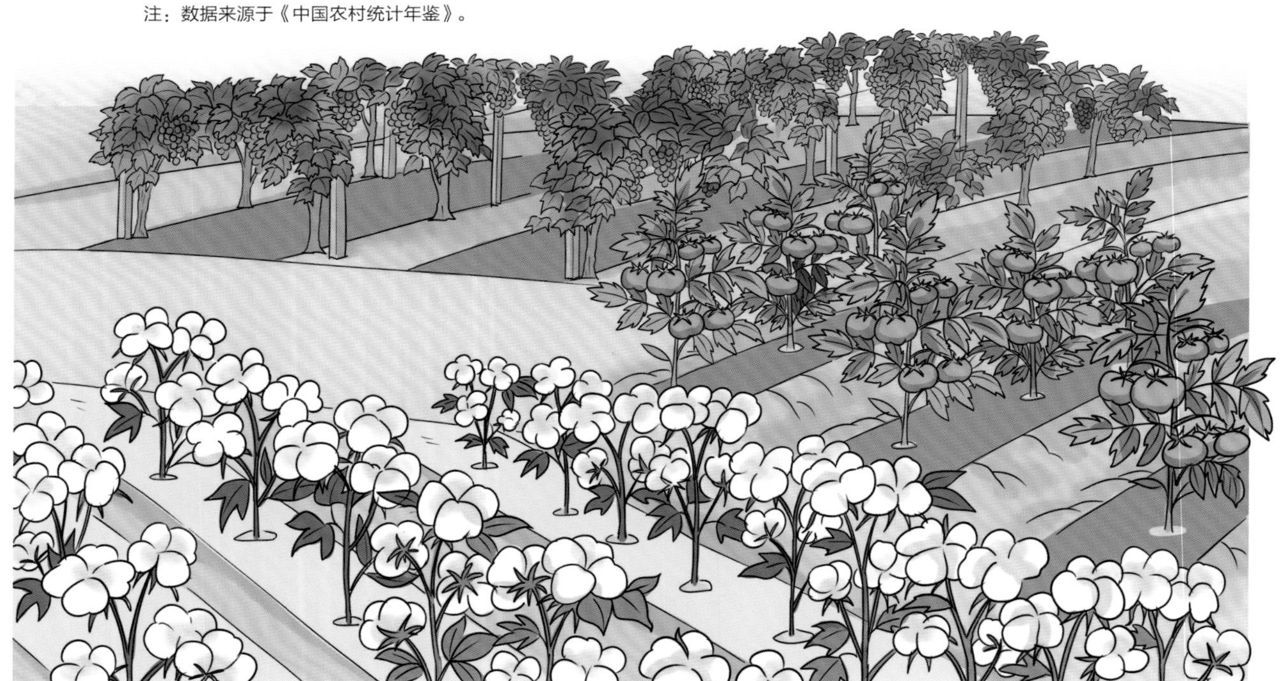

**地膜覆盖等技术的应用使东北地区在冬天实现了“蔬菜自给”**

类似于新疆，东北地区冬季寒冷，无法种植多种多样的蔬菜。

这是我的家乡，美丽的大东北。每到秋天，大人们就开始抢购白菜、囤积土豆（学名马铃薯）。

每天都是酸菜、土豆，或
者土豆炖白菜，好想吃其
他蔬菜啊！
12月
11月
10月
9月

夏天吃过的蔬菜都去了哪里呢?
那些蔬菜在东北只有夏天能种，冬天不能种，这是自然规律，人类的发展史上也经历了无数次的迁徙。因为居住环境的改进，才逐渐适应了不同的区域，有了安定的居所，有了更广阔的生存空间。
人类的发展壮大、人民生活水平的提高，同样离不开作物种植范围的扩大和种植产量的提升。而作物的生长需要适宜的温度等生长环境。

地膜在土壤和空气之间形成一个隔热层，既减少了水分的蒸发，也减少了水分蒸发过程中的热量散失。

地膜和大棚的联合使用为作物提供了温暖的大房子，即使天气寒冷，也能给作物提供适宜的生长环境。

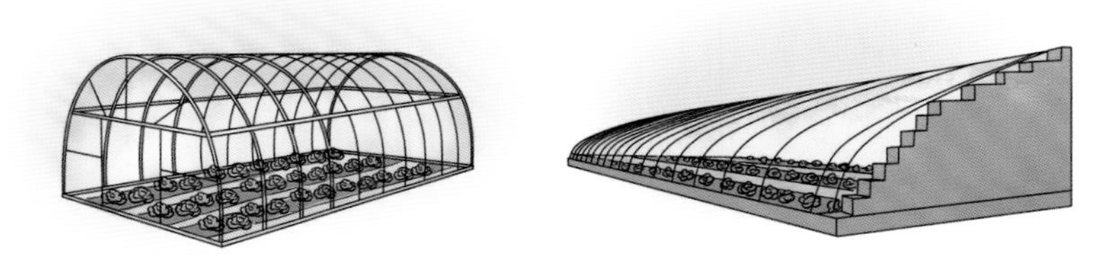

由于地膜覆盖的增温作用，玉米、蔬菜等作物种植北界向北移了 2~5 个纬度。且由于适宜种植时间的延长，作物产量平均提高了 30%~50%。

现在东北温室大棚和地膜的应用已经非常普遍，即使在天寒地冻的冬天，人们也能吃得上来自大棚或地膜覆盖产出的新鲜蔬菜和水果了。

地膜像是幼儿园的老师，虽然很热心、负责，也受大家欢迎，但是很忙的时候难免会不够周全。

地膜老师卫生打扫不干净，土壤里积聚了越来越多的塑料残片，我在土壤颗粒间玩得好好的就可能被塑料碎片缠住脚，甩都甩不掉；玩累了想回去睡觉，卧室明明就在前面，塑料碎片挡在土壤颗粒间，挡得严严实实的，推也推不开，钻也钻不过去。

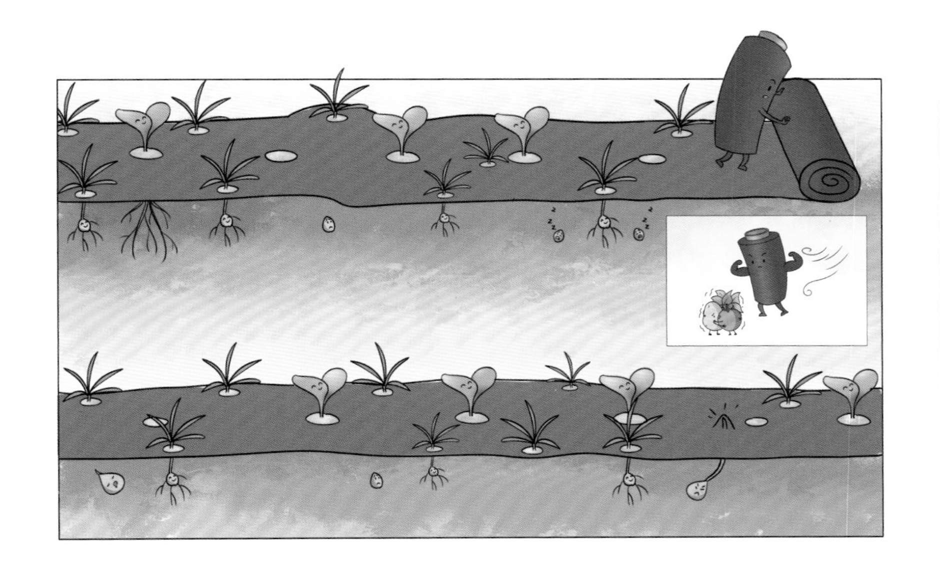

我很喜欢地膜老师啊，地膜老师很强壮、很有力气，帮我挡住了冷风的侵袭。只是，地膜老师比较粗心，在帮我们盖被子的时候，打的圆孔有很多错位的，挡住光了，我们有时以为太阳没出来呢，就睡过了头，没有发芽。

地膜老师做的饭（地膜残片）太难吃了，特别特别硬，根本啃不动，你看，把牙都硌掉了。而且由于地膜挡路，小水滴给我们送水、送营养像走迷宫一样，特别难；好多小伙伴由于营养不良，都瘦了很多。

我邀请了降解地膜老师来帮忙，她在使用后就可以清理得非常干净，做的饭很软糯。

一个季度结束，降解地膜老师很辛苦，累得坐在地上。

降解地膜老师很负责，开始的时候把作物们照顾得很好，但是后来可能太辛苦了，太累了，就照顾不到了。田里地膜到处都破了口子，土壤温度也没有那么高了，水分也蒸发掉了，我们虽然可以忍受但还是感觉身体有点不舒服。
降解地膜老师做的饭比以前软糯了很多，也好吃了。但是有的东西是不适合我们微生物食用的，我们吃了这些就会出现肚子不舒服、消化不良等情况。

一个季度结束了，地膜老师、降解地膜老师一块和作物、蚯蚓、微生物及其家长们谈心，听取反馈意见。
现在土壤里就算有塑料残片，我们也可以推开或钻过去了，只是因为有的降解地膜配方里有对我们有伤害性的材料，所以钻过去后我和我的蚯蚓伙伴们经常会出现发炎、红肿、受伤等情况。

农民伯伯，你说怎么办啊？
有了，我们去请教专家吧！

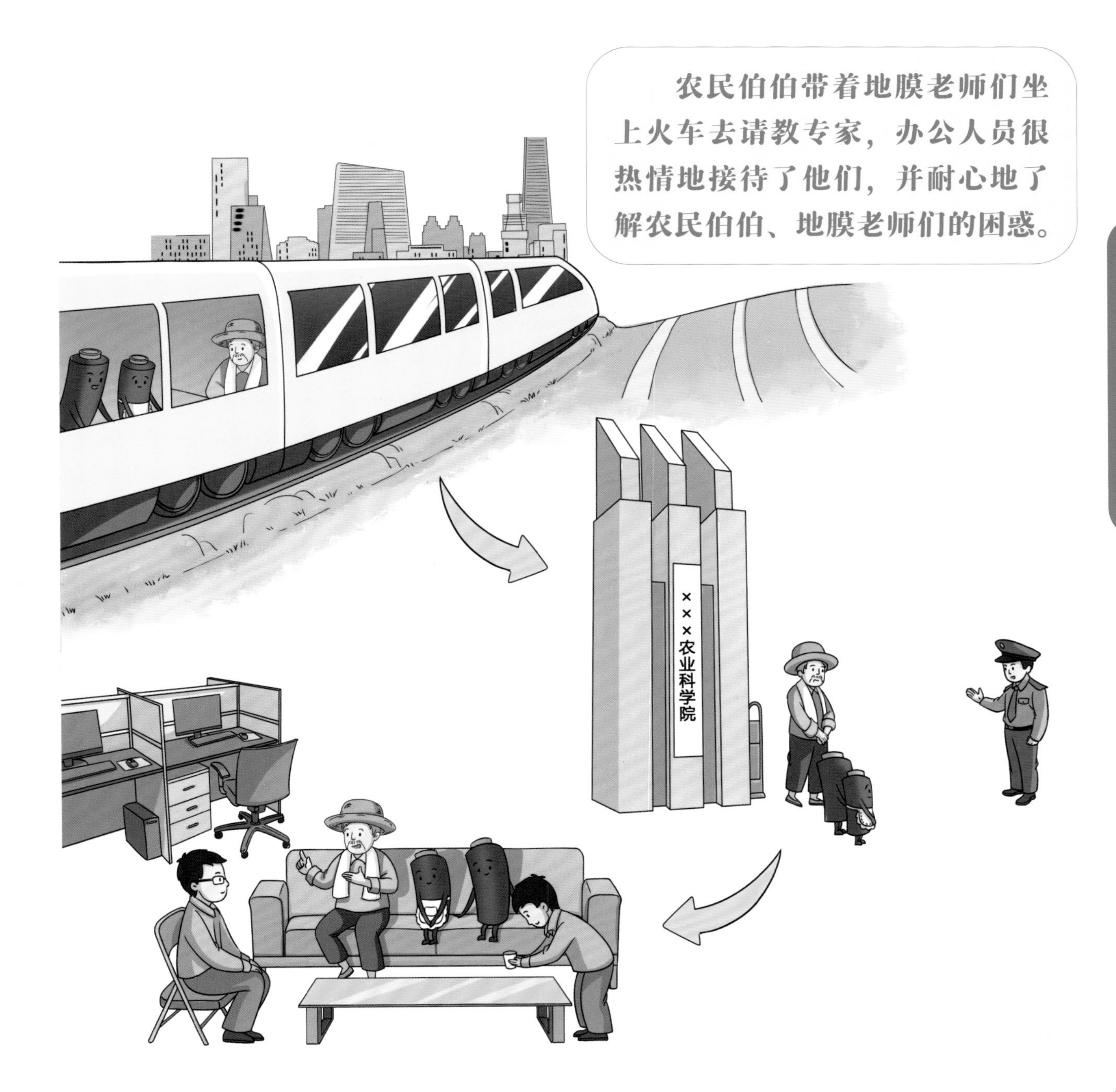
农民伯伯带着地膜老师们坐上火车去请教专家，办公人员很热情地接待了他们，并耐心地了解农民伯伯、地膜老师们的困惑。
×××农业科学院

大家提出的有关地膜的各种问题我已经了解了，这是一个系统工程，要考虑到方方面面的问题。没关系，我来帮你们分析分析。

我们国家幅员辽阔，地区差异很大，所以我们要有针对性的改进措施。
东北地区早春寒冷，覆盖地膜主要是为了提高土壤温度。
新疆、黄土高原地区干旱、蒸发量大，覆盖地膜主要是为了保水。
华北地区覆盖地膜主要是为了提高早春土壤温度，减少农药和劳动力投入，减少极端天气对作物产量的影响。
南方地区主要是覆盖黑色地膜控制杂草，为作物生长提供更好的生长条件，减少农药的使用等。

另外，要了解不同作物的需求：

玉米等作物要求地膜覆盖期长，最好是整个生育期都覆盖，保证温度和水分；大蒜则需要考虑不能用太厚的地膜，不然蒜芽很难顶破地膜。

花生要考虑其下针的问题，地膜也不能太厚；马铃薯、甜菜等块茎膨大时需要透气，所以覆盖降解地膜更合适。

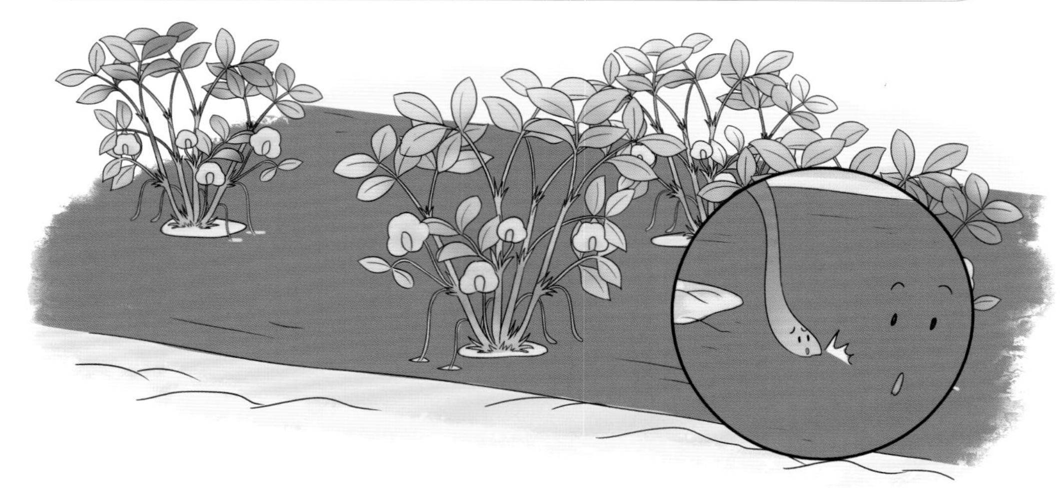

**所以地膜老师主要是锻炼成加厚高强度地膜，提高力学性能、厚度、拉伸强度。**

**而降解地膜老师主要是根据需要调整降解速度、提高阻隔性能。**

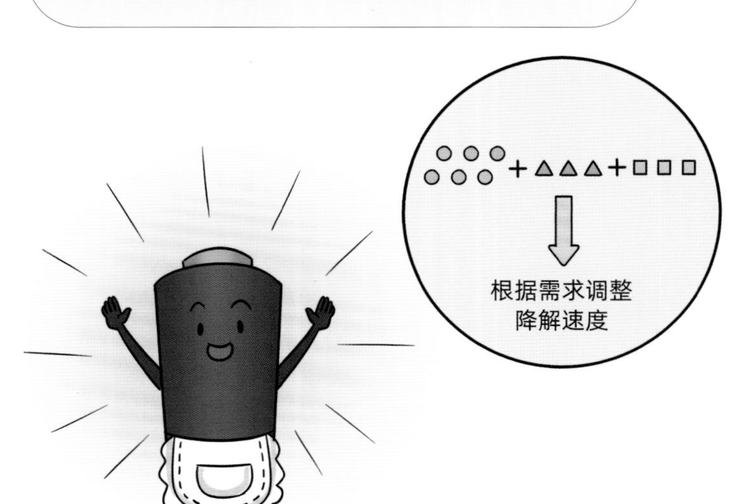


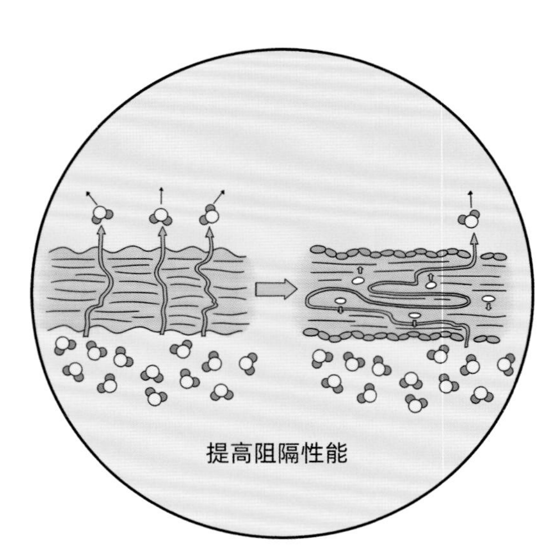

**另外，需要明确作物地膜覆盖安全期[*]：某一作物在某一区域要求地膜覆盖的最佳天数，也就是地膜覆盖农田土面能保持膜面完整的天数。**

| 区域 | 类型区 | 玉米/天 | 花生/天 | 马铃薯/天 | 烟草/天 |
| --- | --- | --- | --- | --- | --- |
| 东北地区 | 黑龙江、吉林西部区北部 | 90~100 | 60~70 | 80 | – |
| | 东北风沙区 | 90 | 60~70 | 80 | – |
| | 黑龙江、吉林西部区南部 | 90 | 60~70 | 80 | – |
| 华北地区 | 黄淮平原区 | – | 65 | 70 | – |
| 西北地区 | 西北绿洲农业区 | 90 | 60 | 70 | – |
| | 西北黄土旱塬区 | 90 | – | 75 | – |
| 西南地区 | 黔西云南中北部区 | 70 | – | 60 | 50~60 |
| | 云南南部区 | 80 | – | 65 | 80 |
| 东南地区 | 江南丘陵区、南岭山地丘陵区 | – | – | 60 | – |

* 严昌荣，何文清，刘恩科等．作物地膜覆盖安全期概念和估算方法探讨．农业工程学报，2015, 31(09):1–4.

政府工作人员、科研人员、农民商量制定了训练方案。地膜生产企业人员是工程师、医疗队，做好准备帮忙修补训练仪器，对地膜进行医护检查等。

集训开始啦

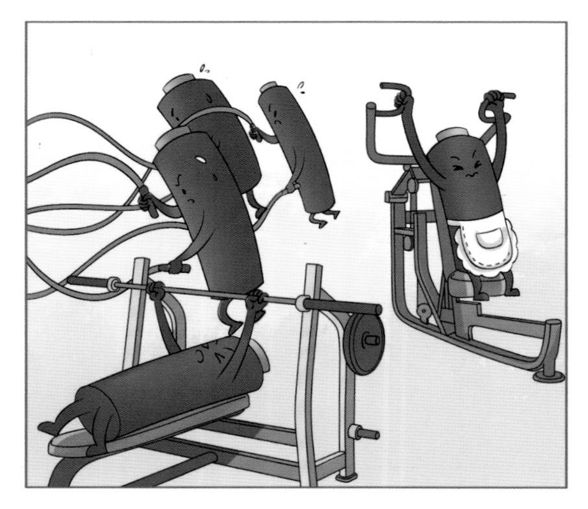

地膜进行专项训练

锻炼结束进行检查

这些添加剂过量使用，会导致微生物消化不良和食物中毒、蚯蚓皮肤受伤等情况的发生。
塑化剂
光稳定剂
抗氧剂

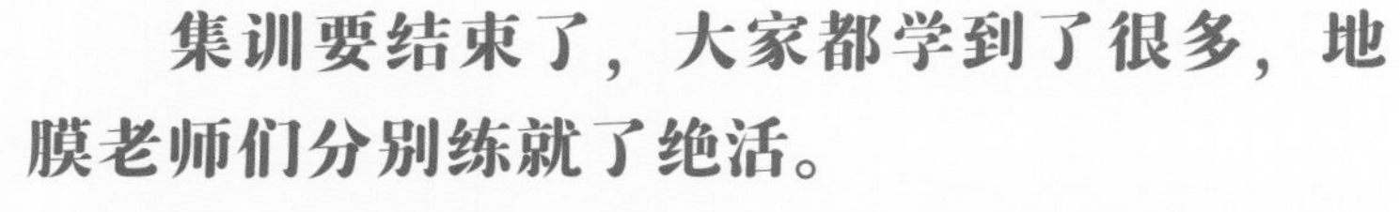

集训要结束了，大家都学到了很多，地膜老师们分别练就了绝活。

集训考试，安全问题抢答，农民伯伯抢答对了。

极端条件测试，地膜老师在经过了 90 天风吹日晒后，可以被地膜回收机完整拉起而自身没有破损受伤。

降解地膜老师在风吹日晒的前 60 天都保持完好，之后在土壤中慢慢降解，无残留。

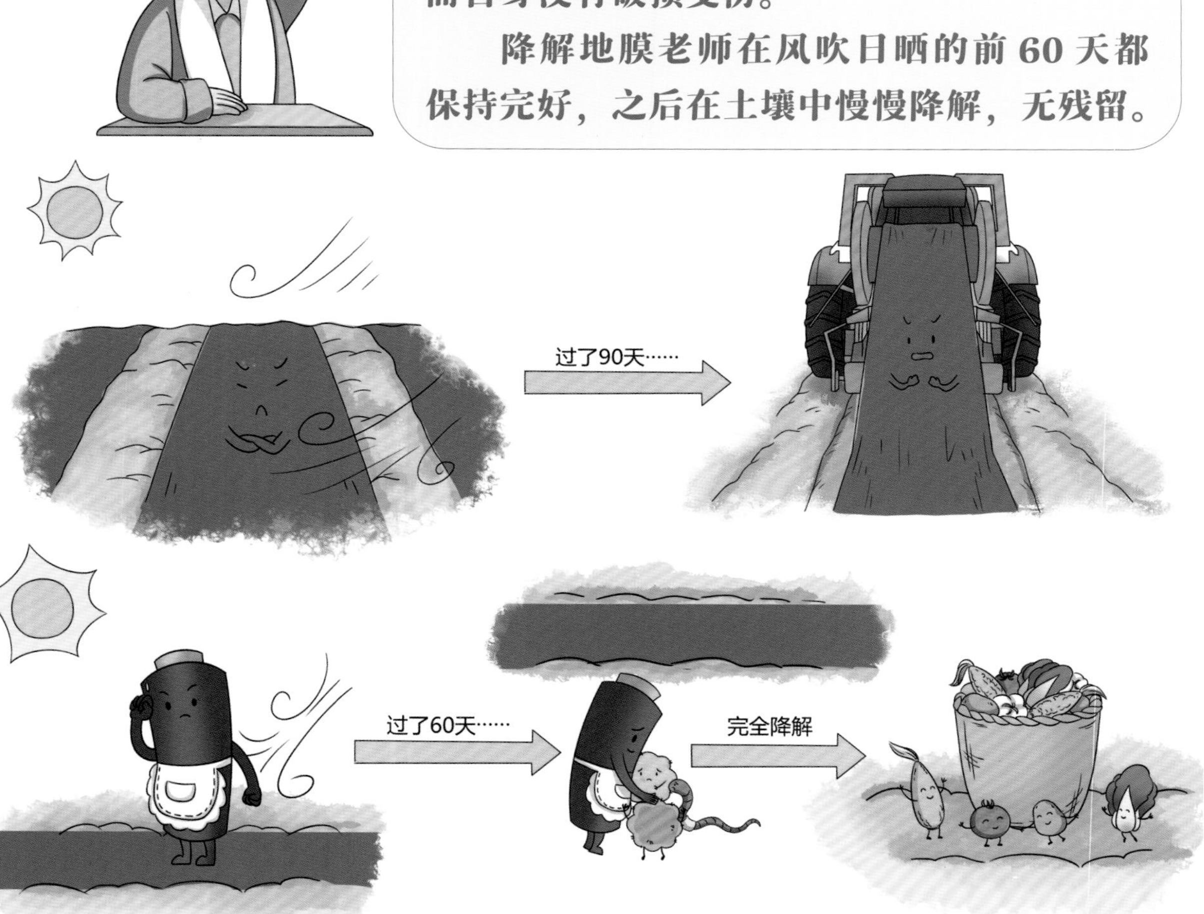

我们现在跟大家相处得很好，能够满足作物们的需求，蚯蚓、微生物们也都很开心，大家相处得和和美美、非常融洽。

政府人员、科研人员、企业人员一起，很高兴地读农民伯伯和地膜老师们寄来的信。

“回收 + 减量 + 替代”综合防控模式
“走，我们去全国各地看看，探讨一下地膜绿色化的应用模式。”
“西北地区研制新型地膜回收机，提高工作效率和废旧地膜回收率”。
“东北地区开发新型地膜覆盖方式”。
“华北地区采用高强度地膜和生物降解地膜替代传统地膜”。

# 第三章　产业篇

秋天来了，玉米地已经完成了收获，只剩下光秃秃的农田和剩余的零碎地膜。

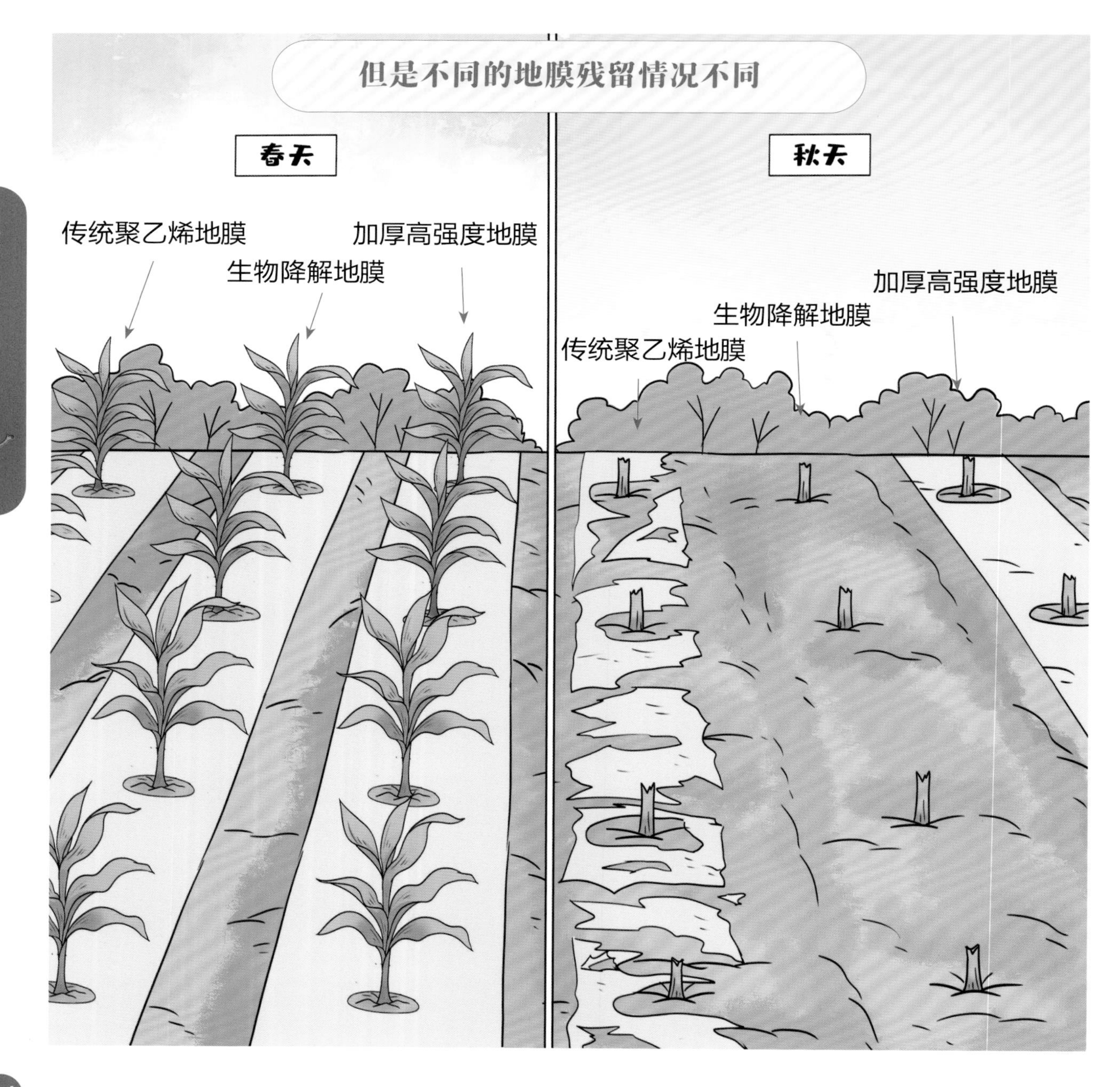
但是不同的地膜残留情况不同
春天
传统聚乙烯地膜
生物降解地膜
加厚高强度地膜
秋天
加厚高强度地膜
生物降解地膜
传统聚乙烯地膜

目前地膜回收的主要方式有人工回收和机械回收。

**农民将回收后的地膜，进行收集和打包，将其运送到回收点，还可以兑换新的地膜。**

地膜回收后集中放置

打包运输

送到回收点

兑换新的地膜

**废旧地膜不进行回收，堆放后直接焚烧或收集后直接填埋的处理方式，将带来环境污染问题。**

不进行回收

焚烧

填埋

废弃地膜在焚烧处理过程中，释放大量热能，可用于供暖或发电，但是存在一定的环境污染风险。

而经过压缩处理后送往垃圾填埋场，也会占用大量的土地资源，还可能造成环境污染。因此，人们正在积极寻找废旧地膜回收利用的新途径。

可以将农膜直接粉碎，混合一定比例的矿渣，加工生产成下水井圈、井盖、城市绿化用树篦子等再生产品。

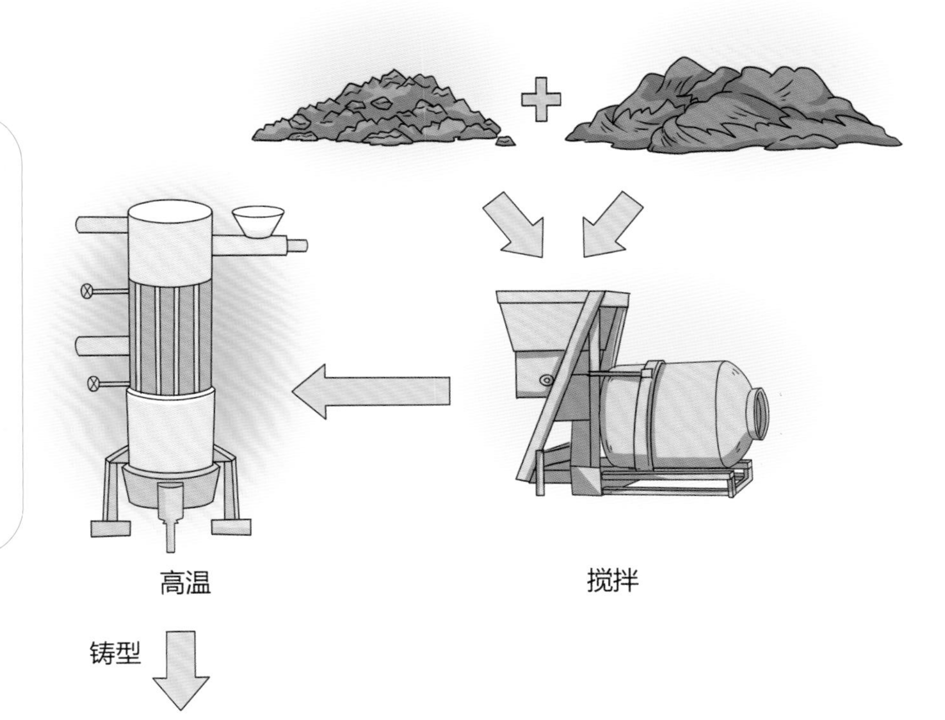

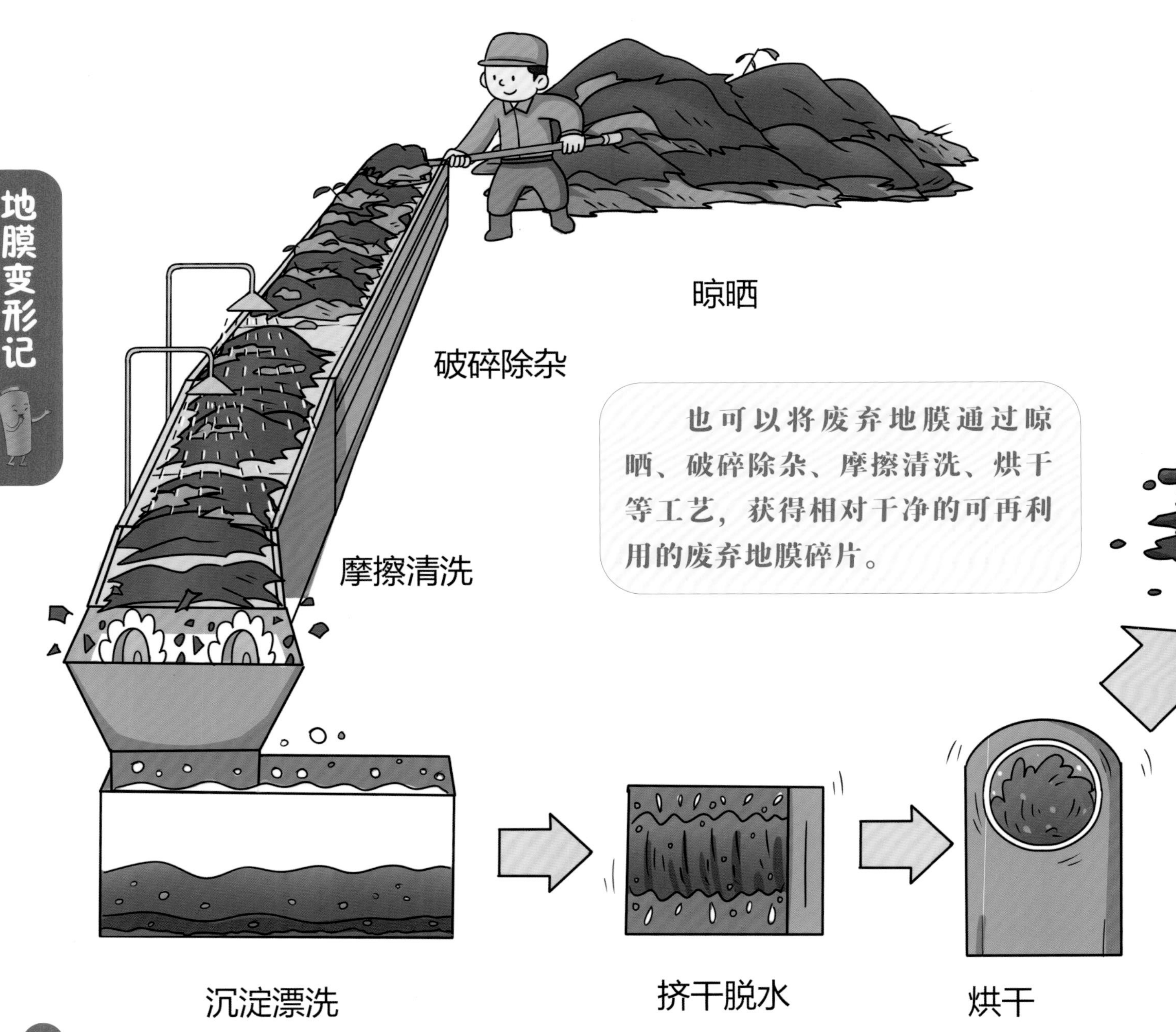


也可以将废弃地膜通过晾晒、破碎除杂、摩擦清洗、烘干等工艺，获得相对干净的可再利用的废弃地膜碎片。

将回收得到的废弃农膜碎片通过熔融挤出、切粒，就可以加工成再生塑料颗粒。这些再生颗粒由于依旧保持着塑料原料的化学特性，能够满足吹膜、拉丝、拉管、注塑、挤出型材等技术要求，所以可以用来生产聚乙烯管材、塑料容器、滴灌带等。

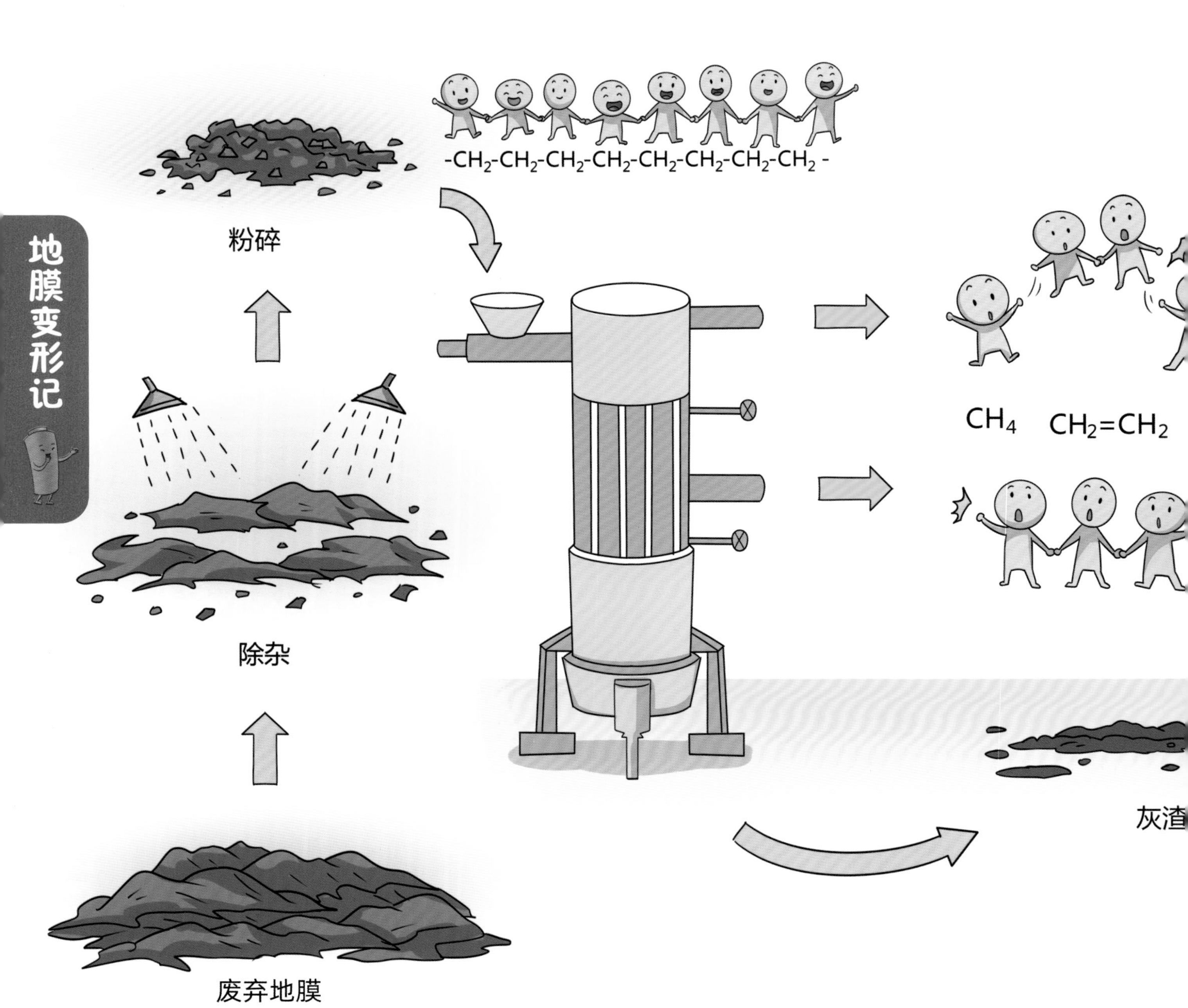

$-CH_2-CH_2-CH_2-CH_2-CH_2-CH_2-CH_2-CH_2-$
粉碎
除杂
废弃地膜
$CH_4$
$CH_2=CH_2$
灰渣

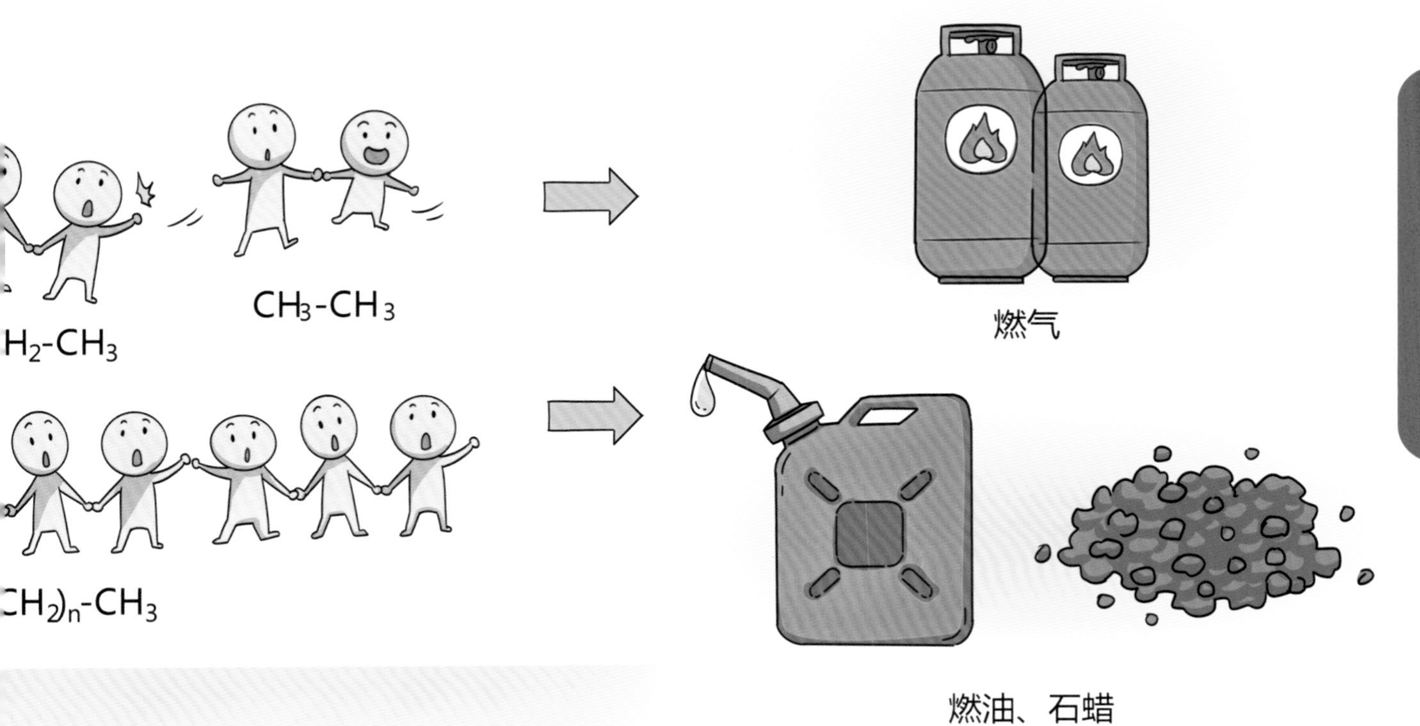


另外，废弃地膜经过清洗、干燥、粉碎之后，还可以进行高温裂解，回收产物往往是多种化工产品的混合物，最终可制成液体燃油、燃气、焦炭等化工产品。

# 第四章　未来篇

绿色可持续发展，是用最少的资源、环境代价取得最大经济社会效益的发展，是高质量、可持续的发展。

希望未来地膜生产－应用－回收－处理等全生命周期都可以更绿色、更可持续。

在不久的将来，人们一定能够实现根据作物的需求量身定制地膜。而秸秆、麻类和新的生物降解塑料等更多安全、绿色材料也会陆续加入地膜的队伍中。



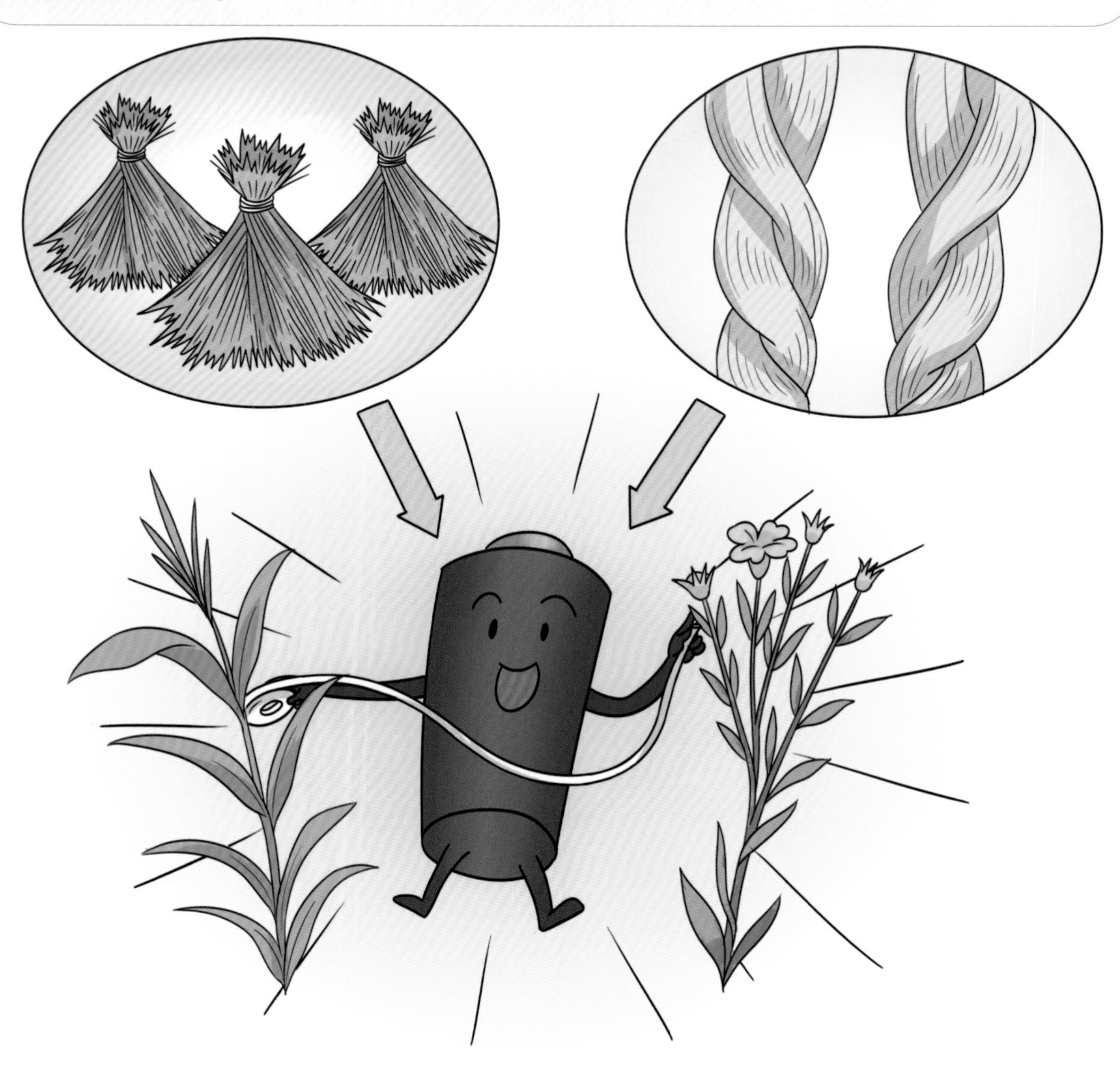

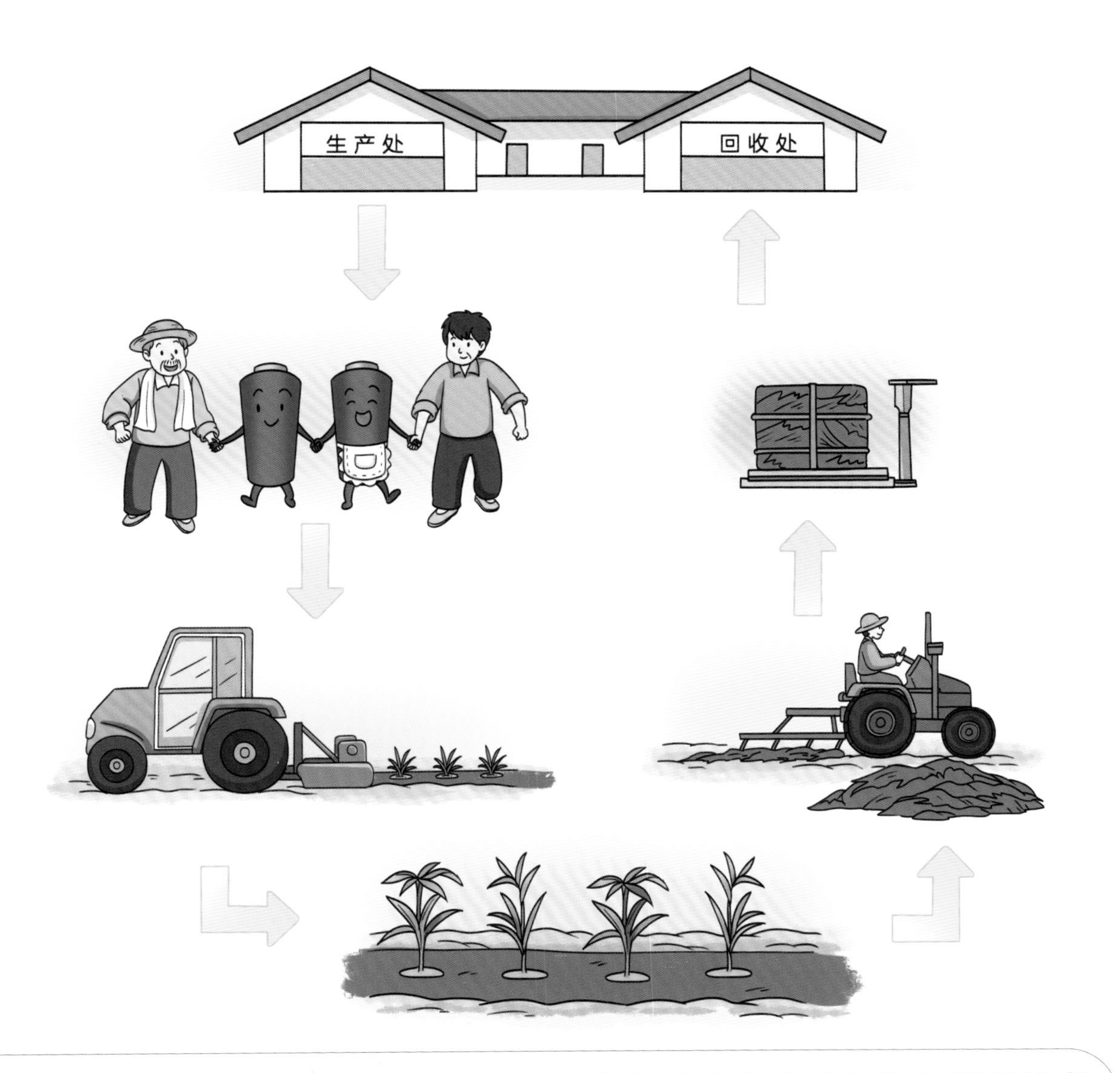


建立并实施生产者责任延伸制（生产者对其产品承担的资源环境责任从生产环节延伸到产品设计、流通消费、回收利用、废物处置等全生命周期的制度)，实现谁生产、谁负责回收处理，也将成为地膜的绿色可持续发展应用不可缺少的一环。